大交通
博物馆
漫话飞机

一波人漫画◎编绘　漫友文化◎策划

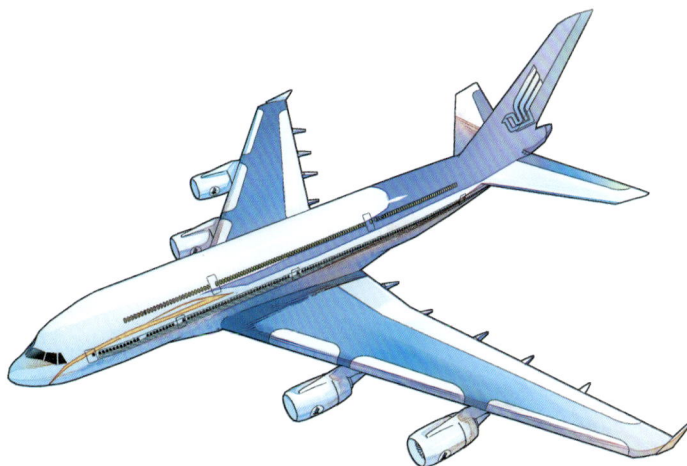

中国铁道出版社有限公司
CHINA RAILWAY PUBLISHING HOUSE CO., LTD.

推荐序

碧空万里，浩瀚无垠，神秘莫测，令人神往。像鸟儿一样在蓝天中翱翔，一直是人类的梦想，也是古往今来经久不衰的话题。

在世界各国绚丽多彩的文化中，有许多人与鸟比翼齐飞的描写。我国有嫦娥奔月、七仙女下凡、孙悟空腾云驾雾等神话故事；在西方的神话故事中，许多神都长有翅膀，或拥有飞鹰作为坐骑。这些神话故事都充分反映出人们对飞行的遐想和强烈愿望。

人类为了实现飞行的梦想，从探索鸟类飞行的奥秘到驾驶飞机在空中航行，经历了一个漫长而曲折的过程。最初，人们对鸟类进行了长期的观察和模仿，认为只要做成一对合适的翅膀就可以像鸟儿一样自由飞翔、直冲云霄，在世界各地，都曾经有人去探索，出现过一些以鸟羽为翼、能上下扑扇翅膀试图飞翔的人，但他们的尝试皆以失败而告终。

后来，人们对飞行的探索转向了研究飞行器。

中国是世界上最早发现热气球升空原理的国家。早在五代时期，我国就出现了"松脂灯"，它被世界公认为是热气球的鼻祖，也被后人称为"孔明灯"。18 世纪初，中国的"孔明灯"流传到了西方。1783 年 6 月 4 日，蒙哥尔菲耶兄弟制成了世界上第一个热气球，并且做了升空表演。除了随风飘荡、不易控制的热气球，人类还发明了更容易操控的飞艇。随着人们对飞行器的不断探索，终于在 1903 年，美国莱特兄弟设计并制造出了第一架带动力、可操纵的载人飞机，这就是"飞行者一号"。同年的 12 月 17 日，"飞行者一号"在北卡罗来纳州的基蒂霍克沙洲上实现了第一次有动力、稳定、可操纵的持续飞行。

从莱特兄弟发明飞机到现在已经有 120 年了，航空科学技术一百多年的发展历程，充分体现了创新与进步，引发了人类经济、社会等方面的巨大变革，由此又带来了翻天覆地的变化。

当前我们迎来了中国航空科技的井喷式发展时期，航空事业的飞速发展正在助推中华民族的伟大复兴。我们要以此为契机，提升民族自豪感和自信心，并用航空科学家们的精神感召和激励我们，为实现航空强国和民族复兴而奋斗。

《大交通博物馆·漫话飞机》结合自然科学，系统地介绍了飞机的发展历史、飞行原理、经典机型介绍、结构构造、机载仪器与设备等方面的基本知识；同时，本书还介绍了空中的交通管理，让大家了解飞机飞行的相关知识。全书图文并茂，形象生动，知识点多，内容丰富，语言风趣，是帮助广大青少年读者了解飞机、学习飞行知识的好作品。通过阅读本书，可以使小读者们初步了解并掌握飞机飞行的基本知识，建立和形成航空科学的基本概念，激发对航空学习的兴趣和爱好，并树立航空报国的志向。大国工匠精神、工程意识的培养，必须从娃娃抓起。

南昌航空大学航空文化部主任、教授

中国国际飞行器设计挑战赛竞赛技术工作委员会副主任

江善元

放假啦！请跟小健一家进入大交通博物馆，开启一场探索飞机之旅吧！

目 录

准备好了吗？

第一章　坐飞机去旅行吧

放暑假啦！小健一家的北京之旅即将开始。这一次，他们决定坐飞机出游。小健和妞妞想到可以坐飞机，心情都无比雀跃。

喔，可以坐飞机啦！

我要坐最大的那架！

孩子爸，你来订票？

好……吧。

有点恐高

第二章　忙忙碌碌的机场

◆ 第一节　我们到达机场啦

你知道吗？机场不管规模大小，一般都由航站楼、跑道、停机坪和塔台等建筑组成。它们各司其职，为旅客们的出行提供舒适、便捷的服务。

塔台

塔台是航空管制员工作的地方，管制员在这里指挥机场空域跟地面的交通。为了方便航空管制员看清楚机场内飞机的动向，塔台会设在高处。

候机楼门

大型机场的候机楼门很多，就算是出行高峰时间，也可以避免排长队的尴尬。

我们到达机场啦！

机场接驳巴士

一些大型机场会有两座或两座以上候机楼。旅客万一走错了，可以坐机场的免费接驳巴士过去，省事又便捷。

空港快线

空港快线是旅客前往机场的常用交通工具之一，以班次多、直达机场、价格亲民等优点而广受欢迎。不过如果遇上出行高峰时间，也会有堵车的风险。

坐车舒服多了，走路得累坏我！

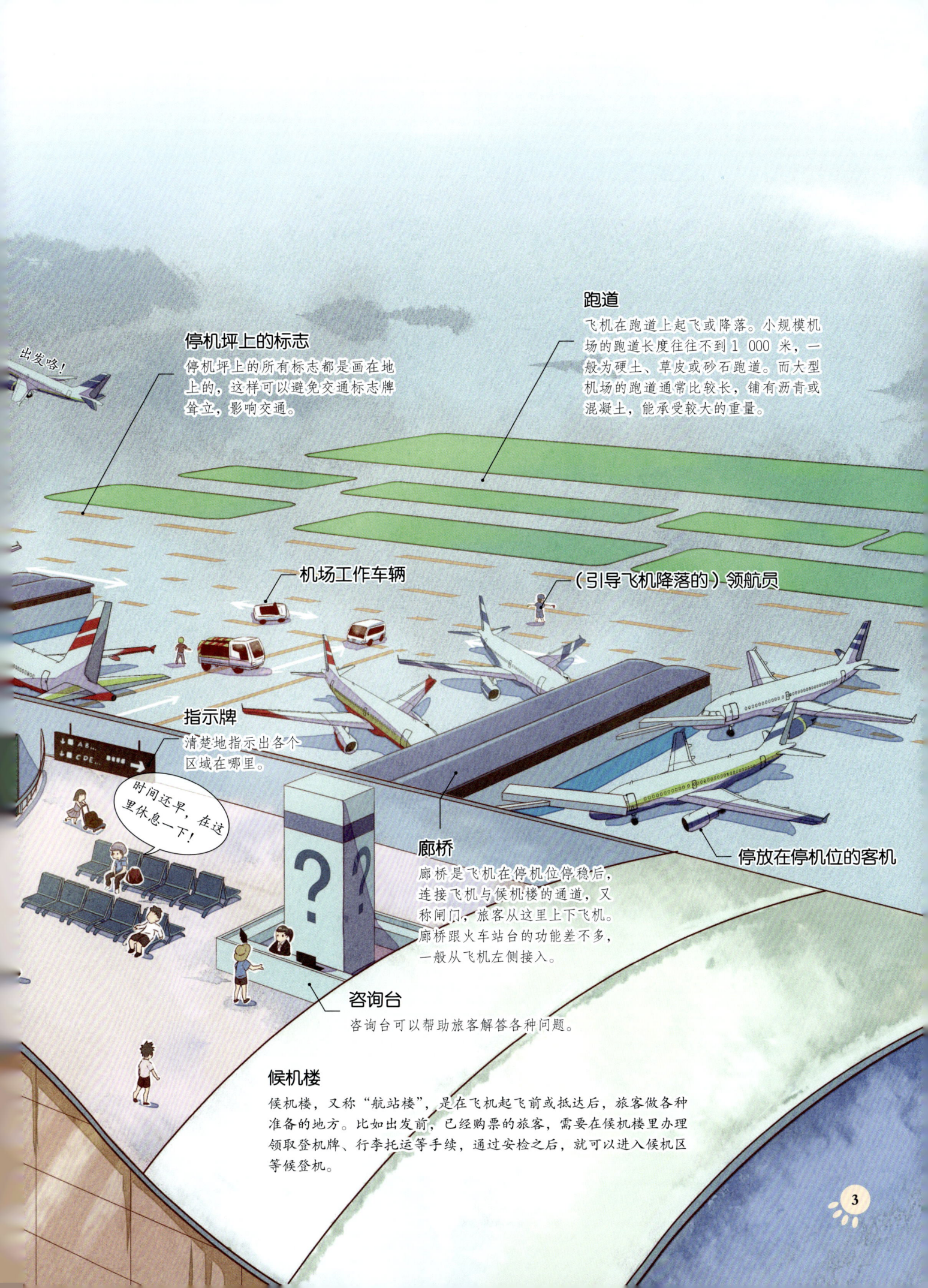

跑道

飞机在跑道上起飞或降落。小规模机场的跑道长度往往不到 1 000 米，一般为硬土、草皮或砂石跑道。而大型机场的跑道通常比较长，铺有沥青或混凝土，能承受较大的重量。

停机坪上的标志

停机坪上的所有标志都是画在地上的，这样可以避免交通标志牌耸立，影响交通。

出发咯！

机场工作车辆

（引导飞机降落的）领航员

指示牌

清楚地指示出各个区域在哪里。

时间还早，在这里休息一下！

? ?

廊桥

廊桥是飞机在停机位停稳后，连接飞机与候机楼的通道，又称闸门，旅客从这里上下飞机。廊桥跟火车站台的功能差不多，一般从飞机左侧接入。

停放在停机位的客机

咨询台

咨询台可以帮助旅客解答各种问题。

候机楼

候机楼，又称"航站楼"，是在飞机起飞前或抵达后，旅客做各种准备的地方。比如出发前，已经购票的旅客，需要在候机楼里办理领取登机牌、行李托运等手续，通过安检之后，就可以进入候机区等候登机。

◆ 第二节 航站楼里真热闹

航站楼里人来人往，忙碌而有序。准备出行的乘客在这里办理登机手续，准备候机和登机；到达的乘客在这里领取行李，结束行程。此外，这里还有特产店、餐馆、书店等场所，十分便利。

人工值机柜台
机场工作人员在人工植机柜台帮助旅客办理登机手续和行李托运。

店铺

传送带
传送带会把行李输送到后台，由系统按门类分拣好，再输送到终端，等待运送到飞机的货舱里。

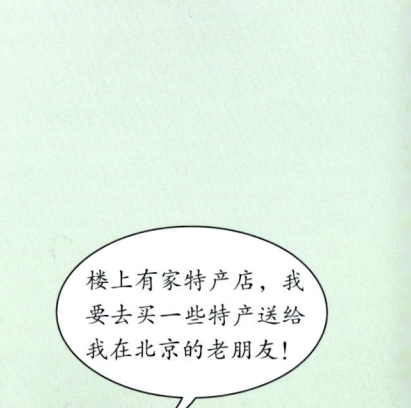

贴上条形码，放在传送带上就可以了。

在机器上就可以办理值机了，真方便。

登机牌
登机牌上标注了航班所属的航空公司、目的地、乘客姓名、登机口、出发时间和座位号等重要信息。

自助托运区
自助值机后，可以用登机牌、登机二维码、身份证或者护照等在行李自助托运机上扫描，打印出行李条形码并自行粘贴到行李上，然后放置到传送带过检托运。

航空公司 e

航班 FLIGHT	AB1234	到达站 DESTN	GUANGZHOU		登机口 GATE	B23	航班 FLIGHT	AB1234
日期 DATH	15JUN	姓名 NAME	小健 XIAOJIAN		登机时间 BOARDING TIME	0710	姓名 NAME	小健 XIAOJIAN
							到达站 DESTN	GUANGZHOU
舱位等级 CLASS	S	序号 SEQ NO	066		座位 SEAT	A15	座位 SEAT	A15

工作犬
宠物通常不能随主人一起进入客舱，但是向航空公司申请并获得许可后，导盲犬、助听犬等工作犬可以进入客舱。

自助值机区
旅客可以在自助值机区自助办理乘机手续，如选座位、领取登机牌等。

楼上有家特产店，我要去买一些特产送给我在北京的老朋友！

哇，看起来特产的种类很丰富，我也要去看看！

手持金属探测器

工作人员拿着手持金属探测器，检查乘客身上是否携带了违禁品。

违禁品自弃箱

严禁带上飞机的物品，都会被放置在这里，由机场统一回收处理。

母婴室

专门为妈妈和宝宝设置的空间，妈妈可以在里面给宝宝喂奶、更换尿布或者哄宝宝睡觉等。

残疾人
洗手间 **专用洗手间**

← ✈ 出发大厅
Gate A1 A3C
Departure Hall

用安全检查

用安全检查

咨询台

Departures
Transfer
Arrivals

我只是水果，为什么不能上飞机？

谁让你总是散发刺激性气味呢？

安检仪

安检仪是检测禁带、限带物品的重要仪器。当有行李箱或者提包等物品经过，安检仪会释放X射线。

有手推车轻松多了。

先过安检，再去候机。

用手推车推行李的乘客

计算机屏幕

不同的物体吸收X射线后，会在屏幕上呈现不同的颜色和自身的轮廓。工作人员通过这些影像可以判断是否有禁带物品。

大型电子显示屏

航班班次、出发地和目的地、出发时间、航班是否到达等信息，在显示屏上一目了然。

哦，找到我的航班了！

禁止随身携带及托运

枪

气球

打火机

鞭炮

榴莲

需要托运

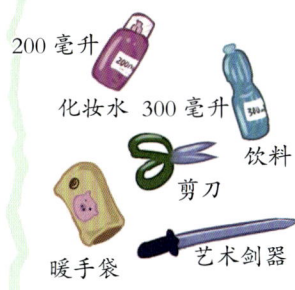

200毫升

化妆水 300毫升

饮料

剪刀

暖手袋 艺术剑器

◆ 第三节　起飞前的准备工作

乘客在登机前，需要完成一系列准备工作。而飞机在起飞前也没闲着，检修、清洁、加油、补充水和食物、装载行李、等待乘客登机……非常忙碌！

飞机餐的味道为什么比较重?

人在高空飞行中对甜味和咸味的感知程度会下降30%，加上飞机在飞行过程中空气比较干燥，也会影响人的嗅觉和味觉。所以飞机餐的调味料一般会放得比较多，让乘客吃起来更容易接受一些。

A380 专用食品车

A380 专用食品车是为 A380 量身定制，能提供整机 600 多人的餐饮。

机翼

有时候，飞机是用油罐车进行加油的。

外部清洁

清洗飞机外部是一项大工程。因为没有清洗飞机的专用设备，工作人员需要利用水管、拖把、升降机等工具给飞机涂抹上清洁剂，擦拭以后再用水冲洗。所以飞机外部不会频繁清洁，短程飞机一般3个月清洗一次，远程飞机则是 4～5 个月清洗一次。

为什么舷窗是椭圆形的？

飞行高度增加后，机舱会加压来让乘客感到舒适，舷窗也跟着受到高压。此时稳定性较差的多边形结构，往往会从中间裂开，整片碎掉。而椭圆形可以将压力平均分散，避免舷窗破裂，因此椭圆形的舷窗自然成为飞机窗户的不二之选。

舷窗

舷窗是椭圆形的，非常坚固。

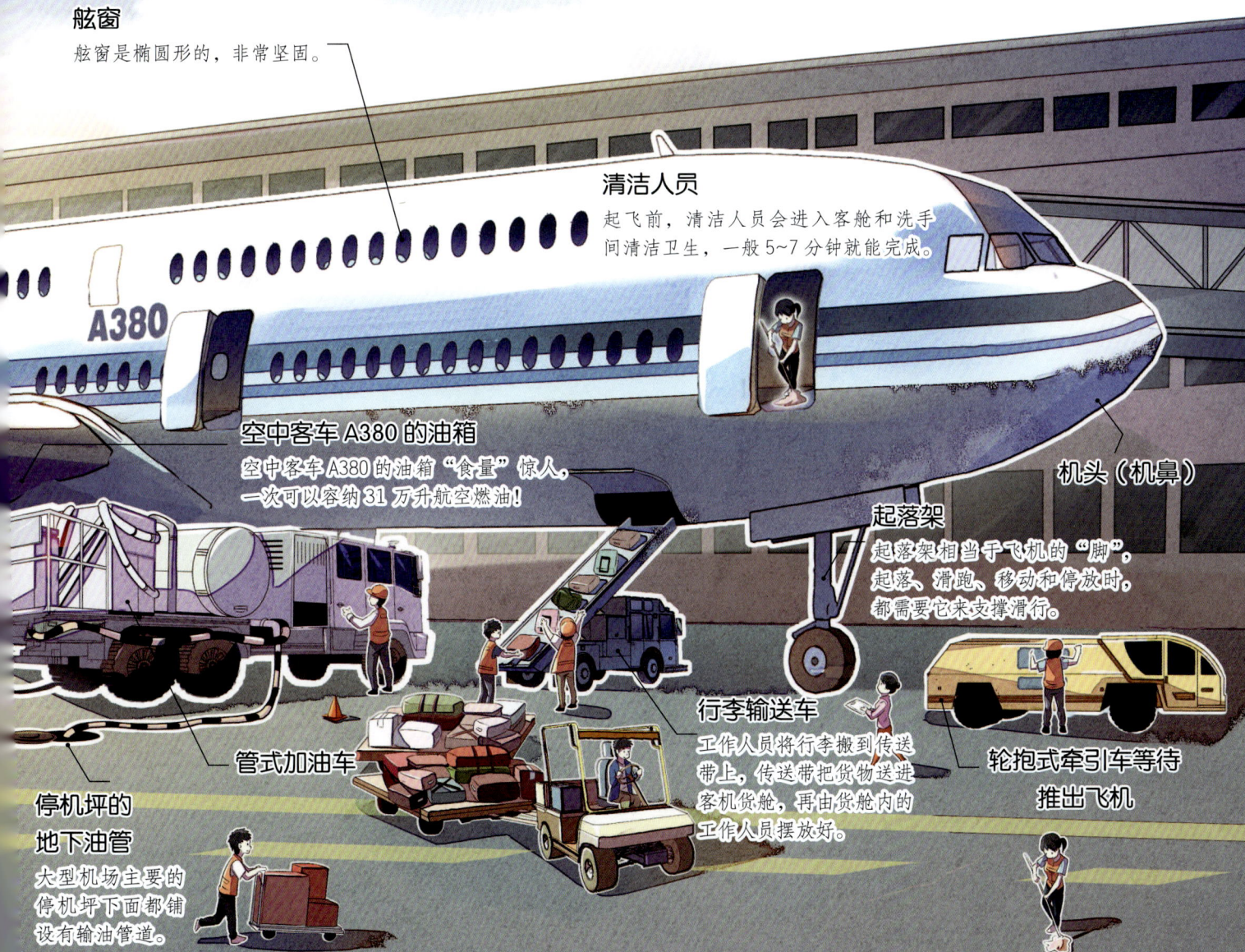

清洁人员

起飞前，清洁人员会进入客舱和洗手间清洁卫生，一般 5~7 分钟就能完成。

A380

空中客车 A380 的油箱

空中客车 A380 的油箱"食量"惊人，一次可以容纳 31 万升航空燃油！

机头（机鼻）

起落架

起落架相当于飞机的"脚"，起落、滑跑、移动和停放时，都需要它来支撑滑行。

行李输送车

工作人员将行李搬到传送带上，传送带把货物送进客机货舱，再由货舱内的工作人员摆放好。

轮抱式牵引车等待推出飞机

管式加油车

停机坪的地下油管

大型机场主要的停机坪下面都铺设有输油管道。

搬运货物的地勤人员

飞机为什么需要牵引车？

因为飞机不能往后滑行！它需要牵引车拖着它离开停机位，并调整方向滑向跑道。

7

◆ 第四节　机场上的特殊工作车辆（一）

机场上除了飞机外，还有一群神秘的伙伴在默默付出，为飞机的正常运行保驾护航，它们就是机场上的特殊工作车辆。下面，我们先来看看飞机保障车家族吧！

轮抱式牵引车

轮抱式牵引车是以直接将飞机前轮抱起，将飞机推出的方式，帮助飞机离开廊桥、滑向跑道。与有杆式牵引车相比，轮抱式牵引车自动化程度更高，价格也更昂贵。

有杆式牵引车

有杆式牵引车靠一根连接杆与飞机连接，推出飞机时连接杆受力。这根连接杆是特制的，中间带有缓冲装置和扭力剪切装置，既可以传递动力，又能减缓牵引车对飞机的冲击。

航空食品车

航空食品车是机场为乘客配送航空食品的地面特种车辆，大家在飞机上享用的食品和饮料就是由这种车辆运送到飞机上的。

管式加油车

管式加油车可将地井中的航空燃油快速、安全地输入飞机油箱，避免了加油车携带大量燃油造成的风险。

航空食品

清水

啊，轮抱式牵引车在那边，我去看看！

清水车

清水车是为飞机添加旅客生活用水的地面车辆，可以携带数吨水。

飞机保障车辆就是为飞机提供全方位保障的车辆。

行李牵引车

行李牵引车，又称行李拖车，是将行李、货物、邮件等运送至停机位或行李、货物分拣区位置的车辆。行李拖车采用的是牵引模式，最多可以牵引10个车厢。

行李传送车

行李传送车负责将乘客托运的行李"搬到"机舱或者航站楼。行李传送车上发挥主要作用的是传送带，传送带可以根据机舱门的高度调节高低，只要把行李放在传送带上，行李就自动传送了。

罐式加油车

罐式加油车有加油臂，一般装有10吨以上燃油，一分钟可泵油4 000升。罐式加油车主要用于没有地下加油管线的中小型机场。

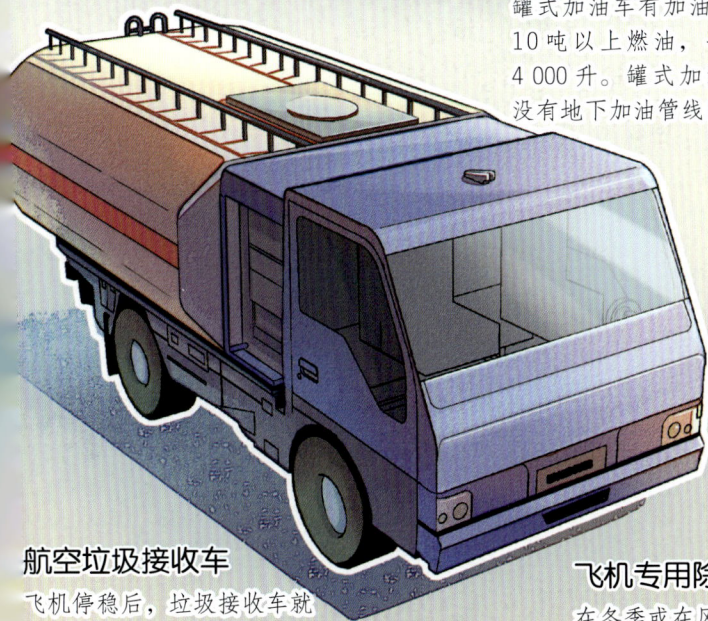

空调车

空调车又称飞机通风车，当飞机发动机处于停机状态时，它可以向飞机电子设备舱、驾驶舱、旅客座舱提供给定压力、温度和湿度的洁净的冷空气或热空气。

航空垃圾接收车

飞机停稳后，垃圾接收车就登场了。它上升至飞机右侧前舱门处，保洁人员便可以将垃圾和杂物丢进车中，让客机内部恢复干净整洁。

飞机专用除冰车

在冬季或在风雪天气时，飞机专用除冰车可以清除飞机机身、机翼、襟翼、尾翼、起落架等部位的霜、雪、冰，保证飞行安全。

污水车

飞机到达地面后，由机场专用的污水车对机上的污水、污物进行收集和处理。

地面气源车

启动飞机发动机主要利用安装在飞机上的辅助动力装置，如果这个装置无法使用，就需要出动地面气源车，提供大量的压缩空气来启动发动机。此外，地面气源车也可以给飞机进行辅助供气。

地面电源车

当飞机在地面进行通电检查、维修保养、装卸货物时，地面电源车能够给飞机供电。

◆ 第五节　机场上的特殊工作车辆（二）

前面看了飞机保障车家族，现在登场的是服务旅客车辆家族、场道保障车辆家族和应急救援车辆家族。一起来看看它们都有什么本领吧！

服务旅客车辆

摆渡车

摆渡车是运送乘客往来于航站楼登机口与停机坪机位之间的车辆，一般在飞机停在远机位时出动。车身设计宽度可达 3 米，长度有的近 14 米，而且左右两侧均设有车门，方便乘客上下车。

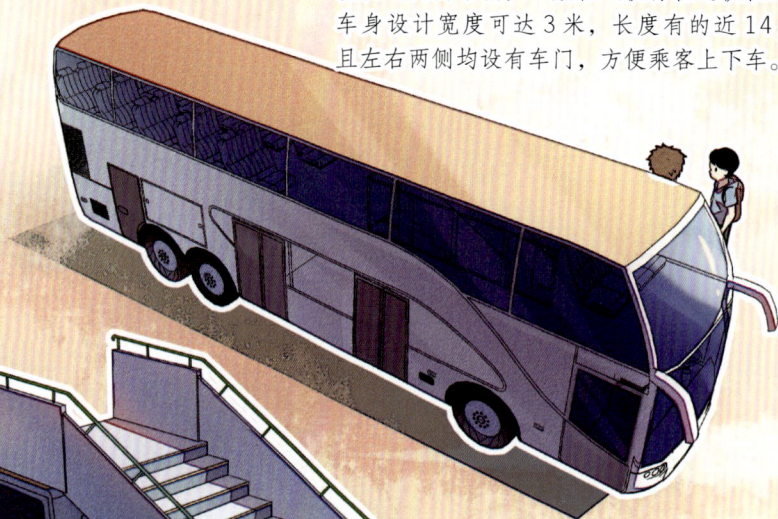

场道保障车辆

驱鸟车

驱鸟车上一般安装有驱鸟信号发射器，会发出让鸟类惧怕的声音。有些还会装有炮筒，用以驱散大型鸟类。不过，这些炮和声音都只有震慑力而没有杀伤力，不会真正伤害鸟类。

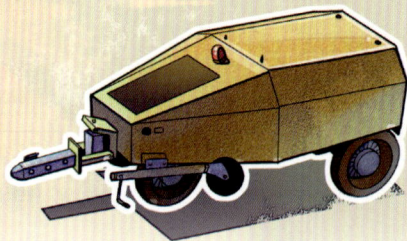

客梯车

当飞机停在远机位时，客梯车会行驶至飞机下面，然后将登机梯升起与飞机舱门对接，乘客就可以上下飞机啦！

无障碍登机车

无障碍登机车可以直接与飞机对接。如果旅客行动不便，不能通过登机梯上下飞机，就可以请无障碍登机车来帮忙。

摩擦系数测试车

摩擦系数测试车上装有计算机自动测量装置，可以测量机场跑道摩擦系数，保障飞机安全起降。

除冰雪车

除冰雪车可以加速跑道道面积雪融化，又不会像铲子除雪那样伤害跑道道面。

应急指挥车

当机场出现紧急事件时，机场应急指挥车可以发挥信息采集上报、事态发展分析等作用，使事态得到有效控制。同时，机场应急指挥车还具有调度指挥、为事件决策提供技术和装备支持等功能。

除胶车

除胶车是负责去除跑道上的轮胎橡胶的车辆。飞机在起飞和降落时轮胎都会和机场跑道产生很大的摩擦，时间一长，跑道上就会残留下很多来自轮胎的橡胶。

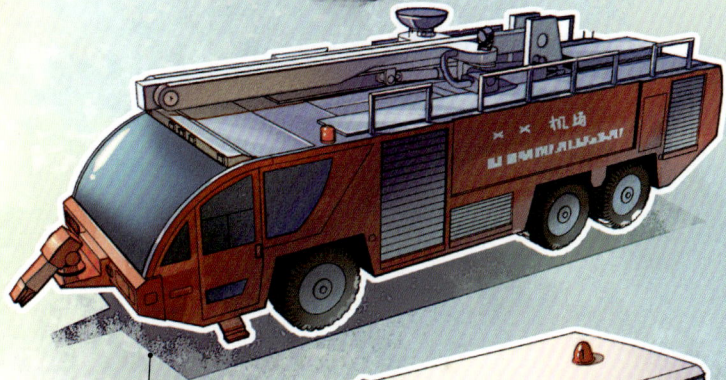

场道除冰车

场道除冰车通过碾压以及喷洒除冰液，可以快速有效地清除飞行区跑道和滑行区跑道的积冰。

消防救援车

消防救援车是专门用于预防及扑救飞机火灾、及时救援机上乘员的车辆。它比城市消防车速度更快、功率更大、越野性能更强，还可以边行驶边喷射灭火剂。一旦出现火情，一般2~3分钟它就会赶到现场！

医疗急救车

医疗急救车是机场内负责抢救遇险人员的救护车。一旦出现险情，它会快速抵达事故现场，救治遇险人员。

11

◆ 第一节　客机内部是这样的

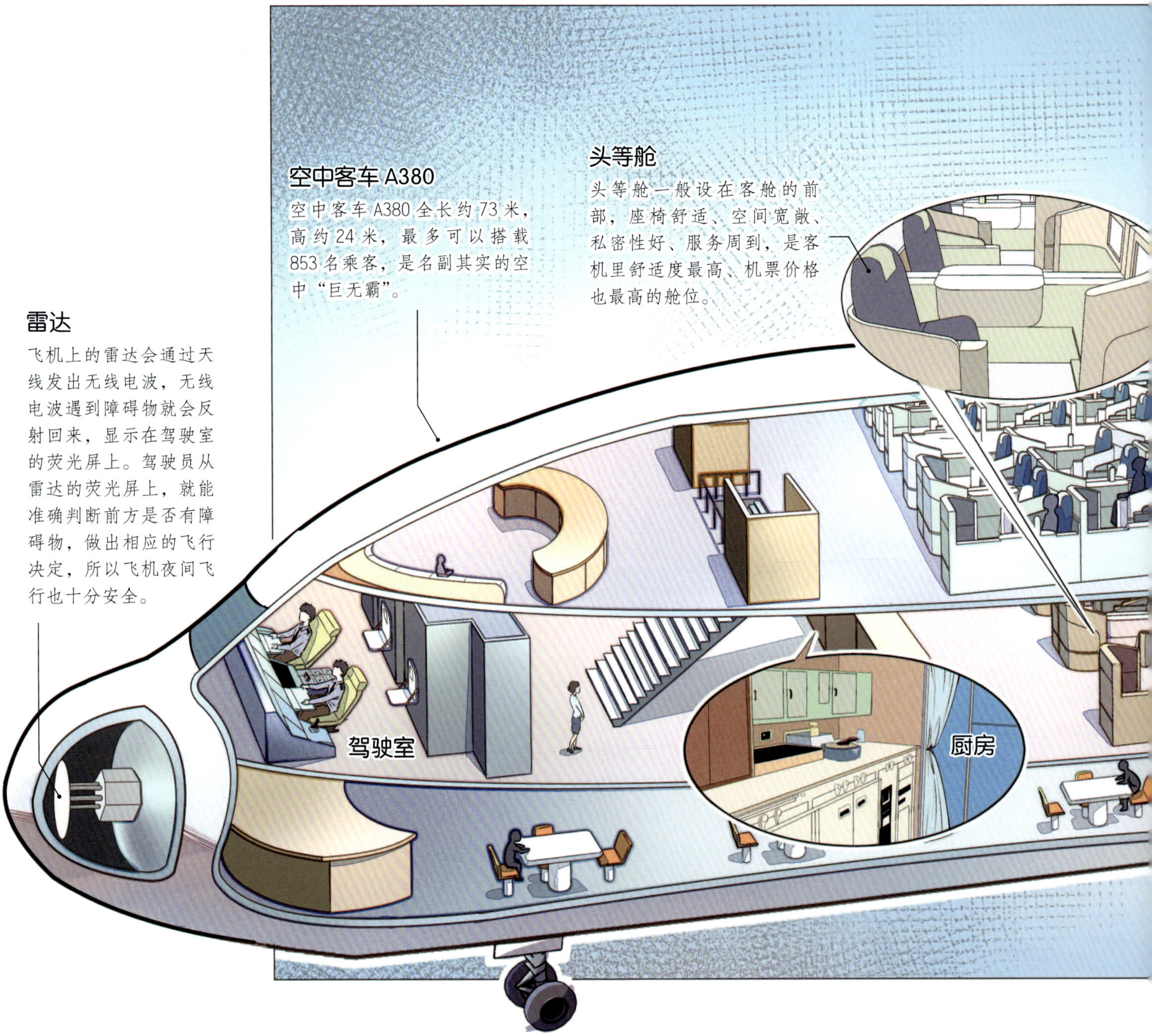

空中客车 A380

空中客车 A380 全长约 73 米，高约 24 米，最多可以搭载 853 名乘客，是名副其实的空中"巨无霸"。

头等舱

头等舱一般设在客舱的前部，座椅舒适、空间宽敞、私密性好、服务周到，是客机里舒适度最高、机票价格也最高的舱位。

雷达

飞机上的雷达会通过天线发出无线电波，无线电波遇到障碍物就会反射回来，显示在驾驶室的荧光屏上。驾驶员从雷达的荧光屏上，就能准确判断前方是否有障碍物，做出相应的飞行决定，所以飞机夜间飞行也十分安全。

驾驶室

厨房

上飞机啦！我们坐飞机时，一般只能看到自己所在的舱位，很少有机会到其他客舱去参观，更别提驾驶舱、载货舱、燃油箱等区域了。今天，就让我们来透视飞机，揭开这些区域的神秘面纱。

商务舱

商务舱一般安排在头等舱之后，机票价格和舒适度都介于头等舱和经济舱之间。

A380

经济舱

经济舱通常设置在客舱中间到机尾的地方，占机身空间的四分之三或更多，座位安排得比较紧密。因为价格实惠，非常受欢迎。

看不到窗外，好像没那么畏高了。

安全带

安全带可以最大限度地保护乘客，把伤害降到最低。尤其是在飞机遇到气流发生强烈颠簸时，系着安全带可以防止乘客被甩离座位。

错综复杂的电线

这些电线负责传送各类信号和电力给各种相关设备，如传感器、控制器、机舱电灯和屏幕等。

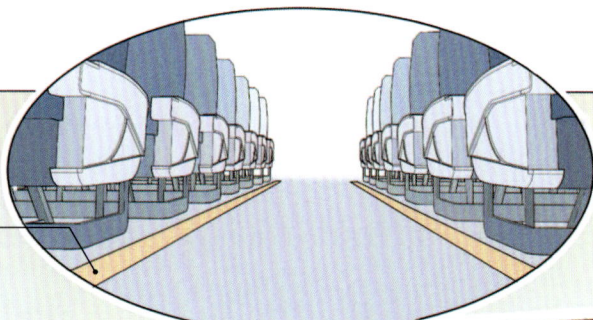

地板的应急灯

过道两边地板各有一排应急灯。发生紧急情况时，灯会亮起，给乘客指示安全出口。

连电梯都有，好豪华！

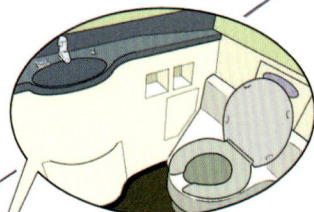

洗手间

救生衣

机舱里每一个座位下，都备有一套可以充气的救生衣。

载货舱

托运动物舱

飞机在几千米的高空飞行，外部气温很低，甚至可能降到零下50℃。为了保证托运动物的安全，会把它们安置在一个有空调的载货舱里。舱里温暖、通风，不用担心动物被冻着。而其他的货舱，气温则会降到接近0℃。

两翼的燃料箱

空客 A380 两翼的燃料箱可携带 31 万升燃油。

救生衣为什么大多是橙色的?

一是鲜艳的颜色，便于救援人员发现，提升获救概率；二是鲨鱼非常惧怕橙色，万一不幸落入海里，穿着橙色的救生衣可以吓跑鲨鱼，避免遭受攻击。

听说飞机会边飞边丢弃洗手间里的排泄物，这是真的吗?

完全不是这么回事！客机上的马桶会像吸尘器一样，把排泄物全部吸进去，储存在一个废物容器里。飞机到达地面之后，会有专门的车辆过来处理。

尾部的配平油箱

波音747

自1970年投入服务后，一次可搭载400名乘客，是当时世界上载客量最高的民用客机。它的这个纪录保持了37年，直到2007年空中客车A380横空出世，它才被迫让位。

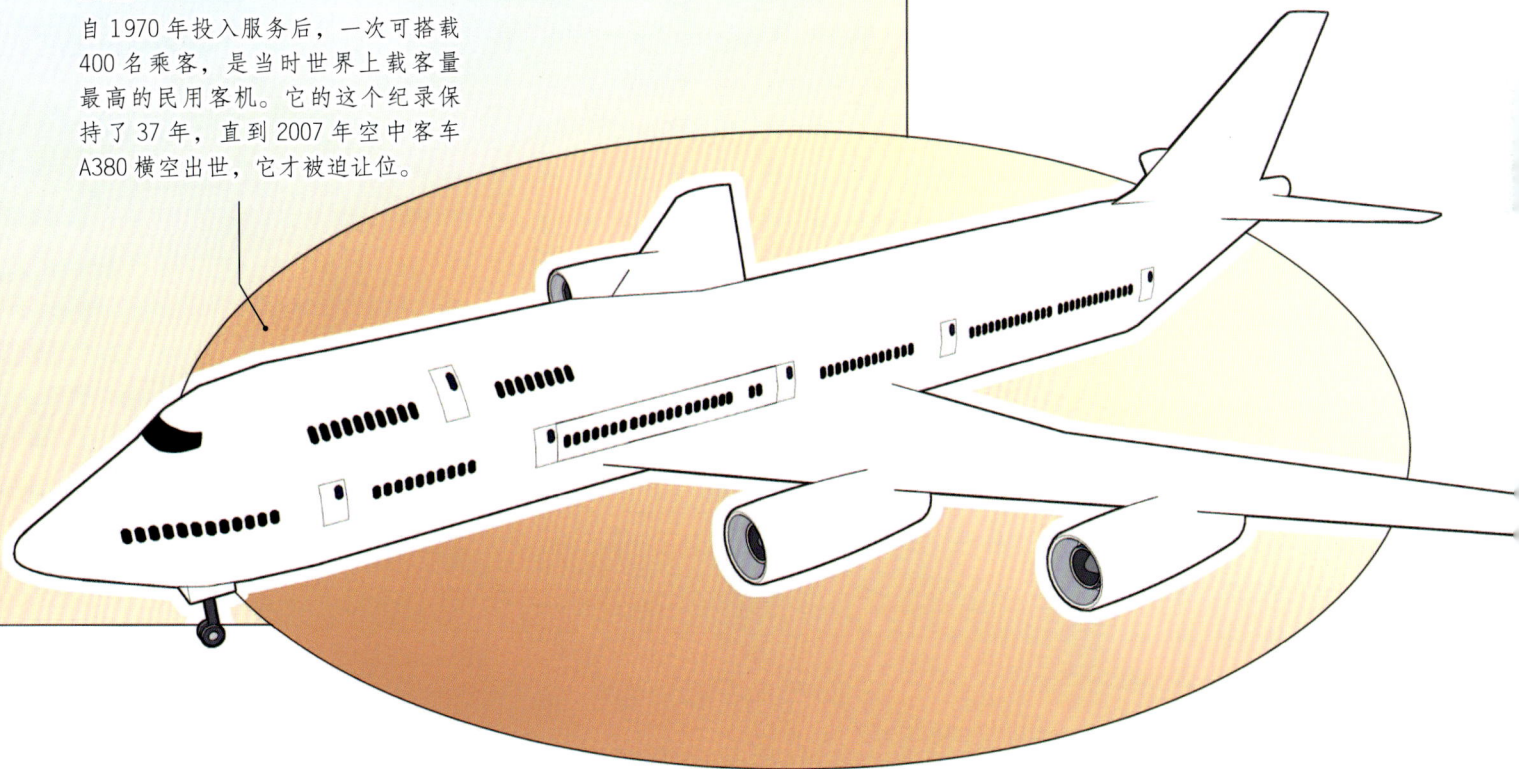

◆ 第二节　神秘的客机驾驶室

驾驶舱是飞机的大脑，掌控着飞机的飞行路线等重要信息，里面的仪器精密而复杂。光是按钮，就让人眼花缭乱。让我们一起来参观一下这个神秘的空间吧！

哎……肚子突然好痛！

气象雷达

气象雷达可以显示前方 300 千米以内的气象状况。如果前方有暴风雨，飞行员可以提前决定绕道而行。

主飞行显示器

主飞行显示器包括高度表、升速计及飞行姿态显示器等仪器。

操纵杆

左右两侧各有一个，飞行员可以使用它来控制升降舵（控制飞机爬升或者下降），以及副翼（控制飞机左右倾斜）的操纵杆。

油门操纵杆

油门操纵杆又称速度控制器，是飞行员控制引擎推力的操纵杆，也可以说是飞机的油门。

中央控制台

我们所看到的整个控制区域除去头顶控制区，统称为中央控制台。上面分布有飞机引擎的油门操纵杆、起落架机轮的手刹车、无线电通信设备，以及气象雷达控制面板等。

长途飞行中，如果机长想上卫生间，他会怎么办？

机长可以把驾驶权交给副机长，自己尽快到离驾驶舱最近的洗手间解决，再快速返回。

头顶控制台

头顶控制台包含了机内照明灯光控制开关、烟雾警示灯开关、雨刷开关、油量显示器、发动机灭火开关，以及接近地面警报系统等设备。

自动飞行控制面板区

当飞机平稳飞行时，飞行员可以打开自动飞行系统，把驾驶任务交给它。但飞行员还是要密切关注飞机的位置、高度等相关信息，一旦出现异常，立刻接手驾驶任务，确保飞行安全。

飞行控制计算机

机长和副机长会在控制计算机中输入他们需要的航线、飞行高度等相关飞行参数。计算机会计算出这次飞行的最佳速度分配、飞行时间、油量等信息，反馈给他们。他们还可以输入自定义的飞行规则。此外，飞行控制系统还有一些特殊的功能，比如紧急情况下寻找最近的机场、计算等待航线等。

方向舵踏板

飞行员可以通过两个方向舵踏板，控制方向舵的左右摆动，从而操纵飞机向左或右偏转。

奇怪，机长和副机长使用的控制仪器看起来好像是一样的？

是一样的哦！你观察得好仔细呀！

◆ 第三节　客机是这样起飞的

一切准备就绪，飞机要起飞啦！它并非原地一飞冲天，而是要经历三个阶段，才能顺利起飞，继而爬升，实现高空巡航。

看来飞机并不是一飞冲天的！

② 在跑道上滑行

发动机启动以后，飞机在跑道上快速滑行。这时机翼上和机翼下的空气流会在压力、速度上存在差异，这个气流压力差异会使飞机获得向上的升力。飞机滑行的速度越快，气流压力差异越大，升力也越大。

起飞的三个阶段

① 牵引车推出飞机

飞机不能倒着飞，也不能倒着滑行。当它停靠的位置前面没有多余空间，无法向前滑行转弯进入跑道时，就需要牵引车来把它推出，一直推到它可以向前自行转弯进入跑道的位置。

什么是巡航高度和巡航速度？

当飞机完成爬升，到达一个适合的飞行高度后，它就会保持水平匀速飞行状态进行稳定飞行。这个飞行高度就是巡航高度，而这个速度就是巡航速度。

顺利起飞后，加速爬升

在起飞的最初阶段，出于安全考虑，飞机会尽快爬升到一定的高度。当上升到300米左右，飞机会收起襟翼。飞机继续爬升，当爬升到914米左右后，会进入一个水平加速的过程，直至爬升到巡航高度。

在平流层巡航

客机一般爬升到平流层巡航。这里颗粒物质少、云层少、能见度高，非常适合飞行。一般而言，国内航班的巡航高度为6 800~8 000米，国际航班为9 000~11 000米。如果没有太大的天气变化及其他特殊原因，在降落前，飞机都会在这一高度层飞行。

③ 离地起飞

当飞机获得的升力比自身的重量还要大时，飞机就会离开地面，上升到离起飞地表大概25米的安全高度，完成起飞。

先生，飞机即将起飞，请把遮光板打开。

爸爸，起飞前把遮光板打开有什么用呢？

这样便于乘客观察外面的情况，如果有异常，可以及时告诉工作人员，防止意外发生。

飞机起飞或降落时，嘴巴微微张开会感觉舒服一些，为什么呢？

飞机的飞行高度高，高空气压降低，为了保证旅客的舒适度，飞机上要靠增压来保持与地面上的气压相当。嘴巴微微张开，可以减轻飞机在增压时对耳膜造成的不适，减轻耳膜的压力。

◆ 第四节 飞行的奥秘

一架空中客车A380的起飞重量可达560吨。是什么让飞机能翱翔天际？奥秘就在于它独特的机翼和强大的发动机。

这种奇怪的机翼形状，灵感来源于一个叫丹尼尔·伯努利的人哦！

奥秘一：独特的机翼

飞机的机翼不是平直的，也不是水平安装的，而是微微弯曲，而且有点倾斜：靠近机头的那边比较高，后面比较低。这就使得流经机翼上方的气流比流经下方的气流速度快，机翼上方的压力比下方小。这样一来，机翼下方的空气会产生一股往上的推力，上方则会产生往上的吸力。在这两个力的作用下，飞机就被抬起在空中了。

伯努利原理

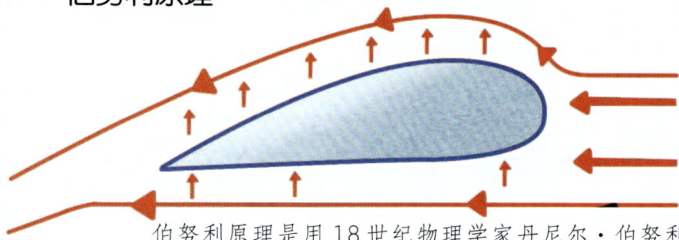

伯努利原理是用18世纪物理学家丹尼尔·伯努利的名字命名的，在空气动力学方面主要指气流速度小压强就大、气流速度大压强就小这样一个规律。伯努利后来还发现，空气流过弯曲的表面时，会比流过平直的表面要快。他发现的这个原理后来被应用到飞机设计上：人们把机翼上方的表面做成微微弯曲的外形，这样机翼就能获得往上的升力和托举力，实现飞行。

吹气实验演示伯努利效应

用食指和拇指捏住一张长方形纸条的一端，让另一端往前面垂下去。然后沿着纸条上方，均匀地往前吹气。看，原本下垂的纸条往上飘了！这就是伯努利效应，也就是飞机能飞起来的原因。

呼——

奥秘二：发动机

① 提供足够强的气流

气流高速流过机翼，往上的推力跟吸力才足够强大，为此人们想到了用螺旋桨或喷气式发动机来提高飞机的速度。大型客机的起飞时速大约是250千米，在这种速度下，流过机翼的空气充足，可以产生足够大的升力，让整架飞机托举在空中。

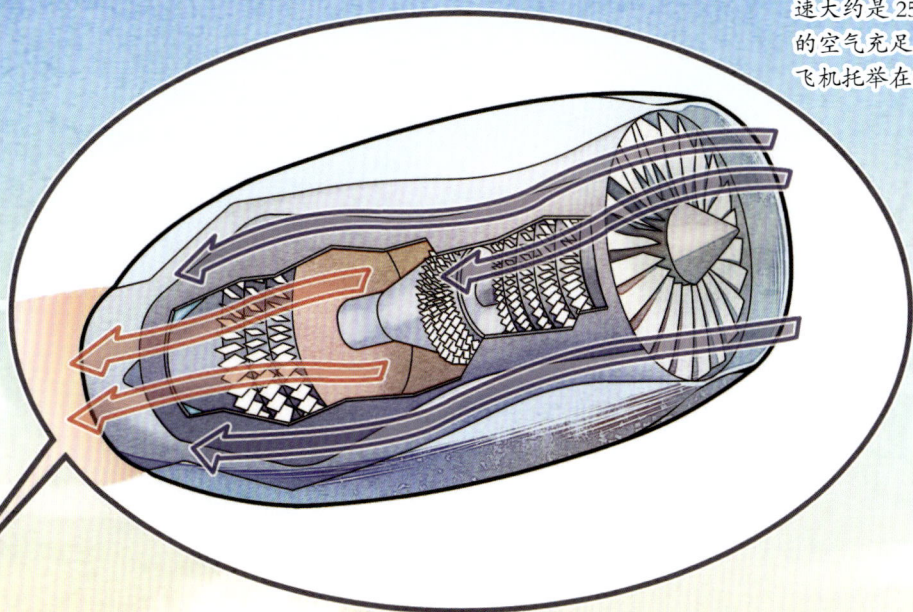

② 提供往前飞的推力

飞机需要通过发动机，才能得到往前飞的推力。早期的飞机用的是活塞式发动机加螺旋桨，不过想要飞得更高更快，则需要用喷气式发动机。现在大部分大型飞机使用的都是喷气式发动机。

这就跟气球往前飞的道理一样。

第一架喷气式民航客机

1952年，第一架喷气式民航客机——英国的德哈维兰"彗星号"投入定期航班服务。从此，民用航空史进入了喷气机时代。现今世界上绝大部分民航客机都已实现了喷气化。大型喷气式客机的时速约为900千米。

第四章　客机的空中之旅

◆ 第一节　空中交通指挥

天空的交通网络庞大而复杂。而"空中交警"们对空中交通的指挥，能够有效地维护和促进空中交通安全，维护空中交通秩序，保障空中交通畅通。

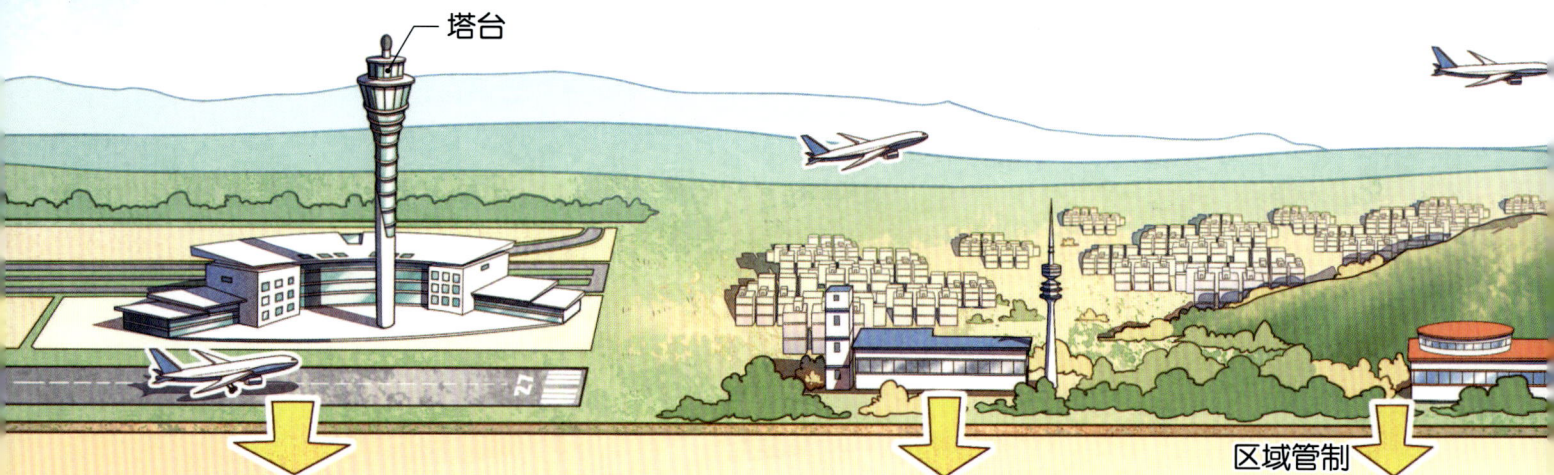

塔台

起飞机场管制
主要由机场塔台负责管制飞机起飞前的准备工作和起飞。

起飞机场的进近管制
在这个阶段，飞机已经起飞并急速爬升到600米左右，而巡航高度通常在6 000米以上。在这期间，进近管制部门负责引导飞机"排队"，根据目的地飞到对应的航道上。

区域管制
飞机进入巡航高度之后，就由它经过的各个航空管制区进行管理。在此阶段，空管的主要职责是帮助这些高速飞行的飞机保持间隔。

塔台

管制员们看起来好忙碌呀！

没错，最忙碌时每45秒就要起落一架飞机呢！

进近管制室

这跟汽车上高速很像呢！先进入匝道，再被引导到高速公路。

飞机间的安全距离

在空中，飞机之间的水平安全距离为 10 千米以上，垂直安全高度在 300 米以上。每架飞机落地前要与之前落地的飞机保持 2 分钟的安全间隔，同一航线的飞机要保持 10 分钟间隔。

飞机的空中航路比汽车行驶的道路要宽得多，大约有 20 千米，飞机一般会沿航路的中间飞行。

如果两架飞机差不多时间到达机场并要求降落，怎么办？

遇到这种情况，管制员会根据航班识别表，对飞机进行排序、排队调整，谁先到谁先降落。后到的飞机接到管制员通知，可以通过减速、拐大弯、空中盘旋等多种方式在空中等待降落。

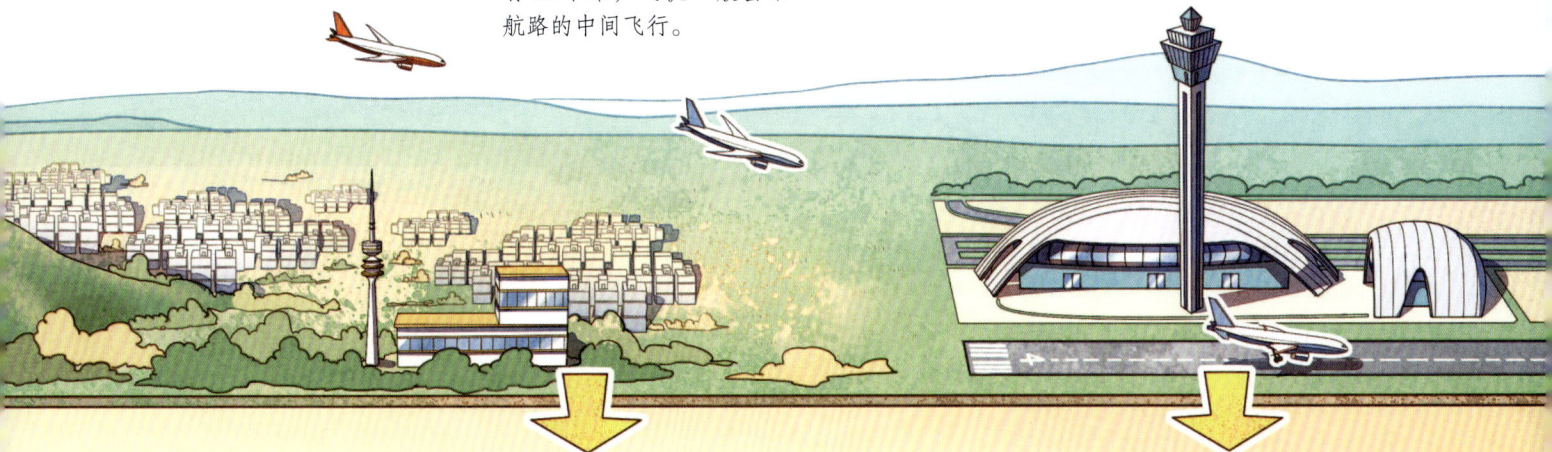

目的地进近管制

当飞机准备从航路上下降时，管制员把飞机接引到仪表着陆系统的作用范围内，在距离机场上空 500 米左右的高度，他才把管制任务移交给塔台管制员。

目的地机场管制

塔台的工作人员负责指挥飞机调整高度，对准跑道，从而避开地面障碍物，安全着陆，并滑行至指定的停机位停放。

区域管制室

进近管制室

大家都工作得很起劲呢！

塔台

惊人的工作量

在繁忙时段，空管员们的工作强度大到难以想象！比方说，在春节前夕，首都机场高峰时段每天至少有超过 1 800 多架次的飞机起降。

◆ 第二节　天空中的潜在威胁

飞机虽然身躯庞大，速度惊人，但在飞行过程中，也经常
会遇到潜在的威胁，如雷雨区、气流、火山灰、飞鸟和台风等。
飞行员是如何应对这些威胁，保证乘客安全的？

鸟类撞击飞机

研究发现，飞机的时速往往超过120千米。而
鸟类在试图避免相撞时，考虑不到飞机的速度，
导致没有预留足够的时间躲避飞机。

雷雨区

飞机若遇上雷电，外表的
金属容易受损，电气仪表、
通信和导航设备等仪器会
受干扰，甚至无法工作。

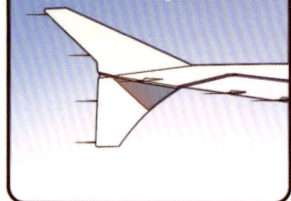

放电刷，被雷击中时，
把电放出去。

应对办法： 飞行员根据
飞机自带的气象雷达和地
面气象预报，正确判断，
绕过雷雨区。
如果误入雷雨区，飞行员
会尽快驾驶飞机离开雷雨
区，绕道而行。

飞鸟

这个大家伙速度跟
乌龟差不多吧？

强烈气流

喷气式飞机起降时，发动机
会高速吸入大量的空气，
如果飞鸟正好在飞机附近
飞行，就会随空气一起被
吸到发动机里，导致发动
机叶片被撞坏。飞机高速
飞行时，与飞鸟相撞，零
部件有可能受损，影响飞
行安全。

应对办法： 在机场安装
专门驱赶鸟类的装置或派
人员专职驱赶鸟类；把机
场附近适合鸟类居住的处
所迁走。

冰岛火山喷发

2010年4月13日始，冰岛南部的艾雅法拉火山喷发，冲天而起的火山灰弥漫开来，导致欧洲大面积航班停飞。大约一周后，火山灰的蔓延高度降低后才恢复航行。

台风

一般的气流不会对飞行安全造成影响。而强烈的气流容易导致飞机剧烈颠簸，甚至失控。

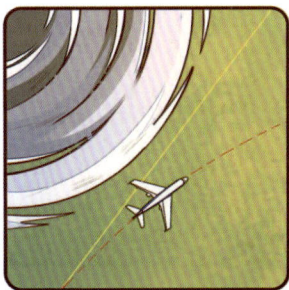

台风可能会伴随打雷、闪电等；台风带来的强降水、大雾会降低能见度，导致飞机偏离航线，还有可能使飞机遭受冰雹袭击。

应对办法：飞行员通过气象雷达提前发现气流带，及时避开。如果遇上气流，飞行员要提醒乘客系好安全带，等待飞机驶离气流带。

应对办法：未起飞的航班有可能延误甚至取消，已经在空中的航班可能会备降。

火山灰

火山喷发时会喷涌出大量的火山灰，高度可达几千米乃至十几千米。这些火山灰会粘在飞机涡轮发动机的涡轮叶片上，导致发动机发生故障。

应对办法：起飞前，向航空部门了解航路有无火山喷发和火山灰云报告。万一误入火山灰云，要尽快安全驶离。

◆ 第三节　客机上的工作人员

机组上的工作人员，可以分为飞行组和乘务组两类。他们各司其职，相互配合，服务乘客，为飞机的安全行驶保驾护航。

飞行组

机长

机长负责驾驶飞机，保证机组人员及旅客的安全。

副驾驶

副驾驶辅助机长驾驶飞机、进行空地和空空联络，以及读降落检查单等工作。当机长出现身体不适、违反飞行规定等特殊情况时，副驾驶会接管飞机，行使机长的职责。

随机机械师

随机机械师跟随机组飞行，负责排除飞行过程中遇到的故障。现在除了747-200这种比较老式的飞机，其他客机上都不设置这个职位了。

飞行员的晋级之路

接受基本训练

学习航空法、空气动力学、航空气象学以及无线电导航等课程。为期约两年。

飞行课

开始时用单螺旋桨的小型飞机学习，然后才是操作双螺旋桨飞机。历时4个月左右。

空中警察

空中警察是警察的一种，负责维持机舱里的秩序，防范和制止发生在飞机上的非法干扰行为。他们通常会穿便装，"隐匿"在乘客中。

乘务组

乘务长

乘务长只有一人。是客舱服务的核心人物，主要负责比较重要、统筹性的工作。

女乘务员、男乘务员

乘务员为乘客提供热情优质的服务，确保旅客出行舒适与安全，并及时处理旅途中的各种突发事件。

专职安全员

专职安全员负责保卫机上人员与飞机的安全，处置机上非法干扰及扰乱性事件。

兼职安全员

兼职安全员除了负责飞机及机上人员安全，还承担客舱服务工作。

安全员坐哪里？安全员没有固定的座位，具体坐在哪里，由航空公司和机长根据航班需要确定。

乘客持登机牌登机，空警在执行任务时，只要出示警官证或者证明机组身份的空勤登机证就可以登机啦！

特定机型驾驶培训

先在模拟机里练习，再用真机练习。这个阶段大概需要5个月。经过几千个小时的飞行之后，才算真正结业，获得提升为机长的资格。

机长

一般有两种情况：运气好的情况是航空公司有机长空缺，直接应聘成为机长。更多时候是，飞行员需要耐心等到某家航空公司有机长职位空缺，再升任机长。

空姐的诞生

据说在1930年5月，波音航空运输公司（现美国联合航空公司）招募了一批护士，让她们在波音80A上安抚乘客的紧张情绪，空姐就这样诞生了。随着时代发展，男性也加入空乘服务行列，大家亲昵地把他们称为"空少"。

经过两个多小时的飞行，飞机安全着陆啦！乘客们有序下机，没有托运行李的乘客直接离开到达大厅，而托运了行李的乘客可在行李转盘处拿取行李再离开。

行李是怎么到达转盘的？

飞机停好后，在乘客走下飞机的同时，地勤人员会过来从货舱里把行李搬到装运车上，再由装运车将行李统一运送到出货口，一件一件摆在行李输送带上。所以乘客在取行李时，需要等 10～30 分钟。

装卸行李的地勤人员

按照规定，每趟航班都要在 20 分钟内装卸 150~200 件不等的行李、货物，负责装卸的地勤人员通常都是超负荷工作的。如果赶上航班高峰期，工作量会更大，我们要多体谅他们。

耳塞

人的耳朵对于 44 分贝以下的音量会感觉舒适，对于 85 分贝以上的音量会感到不适。停机坪上的平均噪音在 90 分贝以上，所以引航员要戴上耳塞，避免听力受损。

停机引航员

飞机降落时，具体停在哪个位置，要看停机引航员的指令。引航员会双手并用，举着指挥棒，指引飞机滑到指定的位置停靠。

行李输送口

地勤人员在后台把行李放上传送带，行李从输送口进入转盘，乘客就可以拿行李了。

最好把行李拿下来，再核对行李标签。因为传送带是一直在动的，核对编码需要时间，在传送带上核对，容易摔跤、发生意外并妨碍他人核对行李的编码。

为什么要核对编码？

防止乘客拿错行李。很多时候，同一趟航班中会有多个同款行李箱，这时乘客并不能开箱查看，只能通过核对登机牌和行李箱上的行李标签确认。毕竟行李的编码是唯一的。

没人领取的行李怎么办？

行李传送带是循环的，如果在传送带上的行李出来一次没有人领取，那么该行李就会一直在传送带上不停循环。如果超过时间无人领取，行李就会被送到无人认领行李处，等待乘客凭证件前来领取。

第六章　客机的检修和维护

飞机要定期保养和检修，才能确保飞行安全。检修类型一般分为起飞前的检修、飞行后的例行检修、定期检修和特种维修等。

飞机检修类型

检修棚

飞机的定期检查会持续几天、半月甚至是几个月不等，所以一般在检修棚里进行。

起飞前的检修

飞机飞行前的例行检查，先由机务人员拿着检查项目表，逐项对飞机进行检查和维护，确认没有问题，再由机组人员进行检查。

飞行后的例行检修

在飞机抵达机场后会进行飞行后的例行检修，大概需要经过40多项检查，飞机才能继续营运，然后从机场放行。

机舱里的设备也要好好检查。

机翼上的小损伤，可以用专用胶带紧急修补。

检修人员在驾驶舱进行电子设备测试。

雷达罩有可能在飞行过程中遭受撞击，如果损坏比较严重，要及时更换。

那让我来给起落架的活动部位上点润滑油吧！

轮胎没问题。

在检修库，工作人员是通过梯子进入机舱进行检修的。

检查飞机起落架的轮胎，看看轮胎有没有破损漏气。

定期检修

定期检修一般分为A、B、C和D四个级别，检查间隔、内容和深度都会逐级提升。其中D检又叫大修、翻修，是最高级别的检修。由于D检间隔一般超过1万飞行小时，因此很多飞机会在D检中进行改装或更换结构和大部件。

对着《飞机维修记录》逐项检修，这就不容易遗漏了。

特种维修

特种维修是指由于特殊原因而进行的维修，如受外来物撞击、碰伤后的修理；发现飞机某部位发生腐蚀后的除锈、防腐处理等。

每个零件都要检查加固。

发动机好比飞机的心脏，特别重要。检修人员会对一些损坏的部件进行更换。

检修项目写满了整个本子，好详尽！

检修工具多而全。

检修项目多而杂，需要好好记录。

目前国内的民用大飞机维护成本十分高昂。一般定检一次，航材消耗数百项，保养费用大约需要100万元。

第七章　天空中常见的客机

客机家族的成员很多，按航程可分为短程客机、中程客机和远程客机；按起飞重量与载客量，可分为小型客机、中型客机和大型客机；按所有权归属可分为私人飞机、公务机和民航飞机等。下面就来介绍几种比较受欢迎的机型。

中程客机

中程客机的航程为3 000千米左右。类似的中程客机还有"空中客车A320"。

中程（3 000千米）

波音737

波音737飞机是美国波音公司生产的一种双发喷气式客机，适用于中程飞行。1967年，第一架波音737开始生产，目前为止已经开发出很多不同的规格，是典型的中程客机。

C919

C919大型客机是我国首次按照国际通行适航标准自行研制、具有自主知识产权的喷气式干线客机。

短程客机

短程客机一般指航程小于1 000千米、100座以下的飞机，多用于支线飞行。如ATR72、ERJ145客机。

短程（1 000千米）

ATR72

ATR72是由法国、意大利合作研发的短程客机，拥有72个座位，航程可达1 650千米。航空公司常用这种飞机把旅客从小机场运送到大机场。

ARJ21-700

ARJ21-700飞机是我国自主研制的喷气支线客机。

远程客机

远程客机的航程为 9 000 千米以上，可以完成中途不着陆的洲际越洋飞行。表现出色的远程客机有空客 A380、空客 A340 和波音 747 客机。

远程（9 000 千米以上）

空客 A380

空客 A380 属于宽体客机，机舱宽度约为 7.14 米，载客量为 555~850 人。

波音 747

波音 747 的最高时速为 982 千米，航程为 10 463 千米，载客量为 496 人。

塞斯纳 172（私人飞机）

首架塞斯纳 172 飞机于 1956 年交付，是非常受欢迎的一种供私人使用的飞机。

里尔 40（商务飞机）

里尔 40 的最高时速可达 865 千米，载客量为 6~7 人，常用作商务飞机。

33

第八章　飞机的历史及其他飞行器

◆ 第一节　飞机的诞生历程

前面看了现代飞机的相关知识，现在来看看飞机的诞生历程吧！这个源于人类飞行渴望的飞行梦想，从萌发到变成现实，走过了一段漫长而曲折的路程。

> 这些想法真是天马行空，脑洞大开啊！

6 个重要阶段

① 自己飞不了，让神话人物去飞吧

很久很久以前，人类就渴望飞行了。不过，人们一直没找到让自己飞起来的办法，于是塑造出一些会飞的神话人物，来寄托人们对飞翔的渴望。

> 罗马神话里的小爱神丘比特

> "飞行者一号"和"飞行者二号"采用的都是俯卧式驾驶，到了"飞行者三号"，就改进为可以坐着驾驶了。

> 啊！啊！

> 太重了，挥不动！

② 人类飞行第一人

9 世纪，阿拉伯一个叫阿拔斯·伊本·弗纳斯的人，用竹子和羽毛制造了一种飞行翼，他把飞行翼绑在身上并成功展示了一次滑翔飞行。在着陆的时候，他弄伤了脊椎，但活了下来。

③ 达·芬奇设计和制造的飞行器

到了 15 世纪，意大利画家达·芬奇就着手设计并制造了一些飞行器。其中有一款飞行器拥有像蝙蝠那样的翅膀，可以让人戴在手臂上挥动。这是早期飞机设计的原型。

⑥ 第一次借助发动机飞行

继李林塔尔兄弟之后，美国的威尔伯·莱特和奥维尔·莱特兄弟制造了一种借助燃烧汽油推动的发动机，并把它装到了飞机上，还给这架飞机起名叫作"飞行者一号"。

1903 年 12 月 17 日，"飞行者一号"成功离开地面，并靠自身的动力飞了起来。

在第四次试飞时，"飞行者一号"实现了距离260 米、将近 1 分钟的空中飞行。由此，人类的飞行事业翻开了新的篇章。

⑤ 李林塔尔兄弟的滑翔翼

1891 年，德国的奥托·李林塔尔和古斯塔夫·李林塔尔兄弟两人制造出一种可以控制的滑翔翼。奥托驾着滑翔翼首次试飞，飞行了 25 米。

后来兄弟两人不断改良出新型的滑翔翼，在四五年间试飞了 2 000 多次，最远飞行距离达到了 1 000 米以上。人类翱翔天际的进程往前迈了一大步。

是啊，所以他们才能发明出飞行器，并不断突破创新嘛！

这些先驱们真是既勇敢又有探索精神！

④ 人类最初尝试机械飞行

1811 年，德国乌尔姆有一个叫贝尔布林格的裁缝，试图借助自己制造的飞行器飞越多瑙河，结果飞了大概 20 米的直线距离，就落下来了。

◆ 第二节　飞艇

　　飞艇是一种比空气轻的飞行器，与热气球的显著区别是：它比较容易操控，而且有提供动力的螺旋桨引擎。它曾盛极一时，但随着"兴登堡号"飞艇发生意外，它的时代终结了。

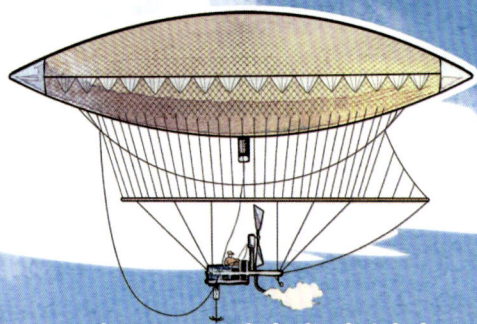

1852 年，法国工程师亨利·吉法尔建造了世界上第一架动力驱动飞艇。

GRAF ZEPPELIN

"齐柏林伯爵号"吊舱内部图

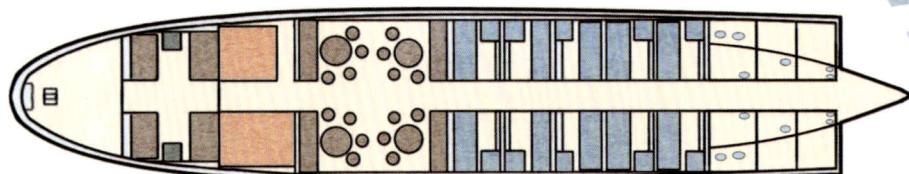

| 驾驶室 | 电报室 | 厨房 | 餐厅 | 10间客舱 | 盥洗室 |

金属支架

"齐柏林伯爵号"属于硬式飞艇，铝合金空心骨架支撑着庞大的艇身，保持船体结构稳定。后来主流的大型飞艇都采用这种结构。

什么是越洋飞艇航班？

在 1920—1930 年间，甚至有横越大西洋的固定飞艇航班，而"齐柏林伯爵号"和"兴登堡号"是当时著名的两艘飞艇。前者往返于德国的法兰克福和巴西的里约热内卢之间，航程在 4 天以上；后者从里约热内卢飞往纽约。

那现在还有飞艇吗？

有的。不过现在一般被用作商业高空广告，或者从事科研方面的工作。

"齐柏林伯爵号"

"齐柏林伯爵号"飞艇由德国人费迪南·冯·齐伯林伯爵设计，长 236.6 米，最大直径 30.5 米，高 35 米，整架飞艇的高度与八九层的楼房相当，是当时世界上最大的飞艇，最高时速为 128 千米。

空中灾难

1937 年 5 月 6 日，"兴登堡号"在美国新泽西备降时突然起火燃烧，瞬间变成一个大火球坠落。事故中，有 36 人死亡，62 人幸免于难。原来，飞艇在降落前，沿着暴风雨的边缘飞行，使艇身充满了静电。而备降时，抛出着陆锚绳时产生了火花，迅速点燃了充满氢气的飞艇。此后，人们对飞艇的安全性产生了怀疑，越洋飞艇航班就取消了。

系留塔

系留塔是飞艇停靠的地方，用来固定飞艇，防止飞艇被大风吹跑和毁坏。

"兴登堡号"飞艇

"兴登堡号"飞艇的客房里有水龙头和淋浴设备，餐厅可以点菜，还有阅览室，简直就是豪华的空中酒店。

Hindenburg

◆ 第三节 热 气 球

热气球是一种特别的飞行器，是利用热空气飞行的。最早使用热空气飞行的是中国古代的孔明灯，最先制造热气球载物升空的是一对叫蒙戈尔菲耶的兄弟。

③ 1783 年 9 月 19 日

公鸡、鸭子和山羊乘坐改良过的蒙戈尔菲耶气球升空，飞了约 3 千米，用时 8 分钟。

咩~

咯咯咯……

② 1783 年 6 月 4 日

蒙戈尔菲耶兄弟制作了第一个热气球，直径为 11.5 米，上升高度约为 1.8 千米，飞行距离约为 2 千米，历时 10 分钟。

④ 1783 年 11 月 21 日

物理学家皮拉特尔·德·罗齐耶和马奇·达隆德乘坐蒙戈尔菲耶热气球，飞行了约 10 千米，历时 25 分钟。

七个发展历程

① 中国古代

在中国古代，就使用了"孔明灯"这种飞行器，作为战争联络的信号，它的原理是利用热空气收集在纸袋中，就可以升空了。

随风而行，那不就是完全不能选择飞行的方向？

那倒不是哦！不同高度的气流速度和方向是不一样的，驾驶员可以通过调整高度选择方向。

⑦ 1970 年

热气球运动流行起来。

⑥ 1960 年

第一个现代热气球诞生了。它的直径达 12 米，由美国人爱德华·约特斯制作，材料很轻且耐热，上升和下降都可以通过丙烷燃烧器调节。由此，热气球开启了新时代。

哇，这是我看过最美的日出！

⑤ 1783 年 12 月 1 日

物理学家雅克·查尔斯和尼古拉·路易坐上了充满氢气的气球升空。这是氢气球载人飞行的首次尝试。飞行了约 43 千米，用时 2 小时 5 分钟。

防寒的衣服

在高空飞行要注意防寒，每升高 1 000 米，气温下降约 6℃。

小货车和地勤人员

小货车和地勤人员有两个重要工作：一是利用地面无线电设备，为热气球提供指引，确保安全飞行；二是预先到达降落点，待热气球降落后，帮助它恢复原样。

◆ 第四节　滑翔机、滑翔伞和滑翔翼

滑翔机、滑翔伞和滑翔翼，都属于无动力飞行器。它们不能像动力飞机那样长距离飞行，但它们有着自己的独特魅力，可以带领飞行者翱翔天际，体验飞行的乐趣。

滑翔机的用途

现代滑翔机主要用于体育运动，分为初级滑翔机和高级滑翔机。初级滑翔机主要用于训练飞行，高级滑翔机主要用于竞赛和表演，有的还可以完成各种高级空中特技，如翻跟斗等。

滑翔机

滑翔机与飞机外形相似，但是它没有发动机，而是依靠作用在机翼上的空气动力来飞行。

滑翔机的机身特别轻，机翼很长、很细，这种设计让它在速度很慢的情况下，可以获得足够的升力。

翼装

翼装是一种特殊的跳伞装备，又叫飞鼠装。它的手臂和身体以及两脚之间是相连的，里面充满了气体。当使用者把双手和双脚展开，就可以利用气流飞行，飞行的时速高达 240 千米。

负责牵引的飞机

滑翔机起飞时，一般采用飞机牵引，即由一架有动力的飞机拖至一定的高度后，它就脱离牵引飞机自由翱翔。

滑翔翼

滑翔翼结构简单，安全易学，只需要在合适的山坡上逆风跑几步，就可以乘风翱翔了。

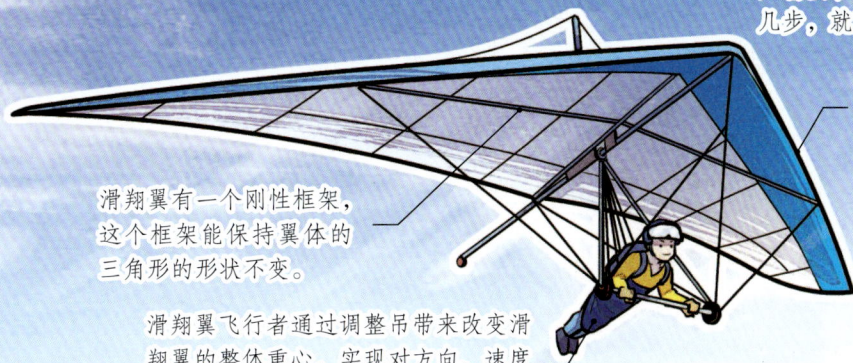

滑翔翼速度快。

滑翔翼有一个刚性框架，这个框架能保持翼体的三角形的形状不变。

滑翔翼飞行者通过调整吊带来改变滑翔翼的整体重心，实现对方向、速度的控制。滑翔翼把飞行者的下半身包裹起来，减少风的阻力。

滑翔伞

滑翔伞是将降落伞和滑翔翼结合在一起的飞行器，自身没有动力，依靠自然的气流和风力来上升和前行，时速约在35~40千米，很适合观光。

滑翔伞速度比较舒缓。

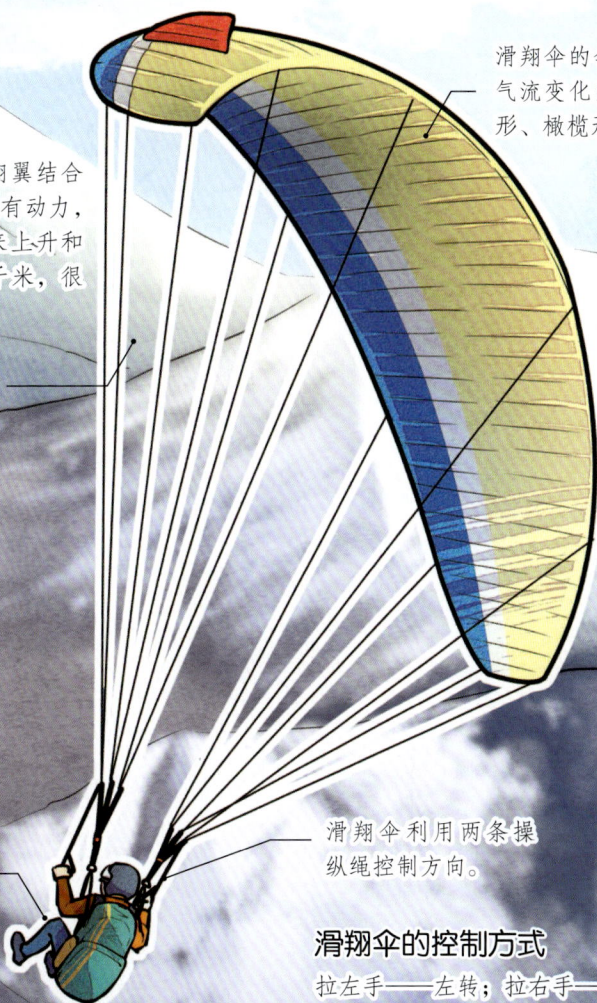

滑翔伞的伞衣随着空气气流变化出梭形、椭圆形、橄榄形等形状。

滑翔伞飞行者半躺半坐在一个沙发式的座带上，胸前有两个主挂钩，与主伞的操纵带连接。

滑翔伞利用两条操纵绳控制方向。

滑翔伞的控制方式

拉左手——左转；拉右手——右转；拉双手——减速。

第九章　其他飞机

◆ 第一节　军用飞机

军用飞机属于特殊机种，拥有精良的武器和前沿的技术，是航空兵的主要技术装备。它们各司其职，有的直接参加战斗，有的负责保障战斗行动，有的用于军事训练……

战略运输机

战略运输机载重量大、航程远，起飞重量一般在 250 吨以上，载重量在 80~100 吨，正常装载航程超过 10 000 千米。它可以快速地向战场投送兵力、武器装备和物资，对于改变战场态势有着极为重要的作用。

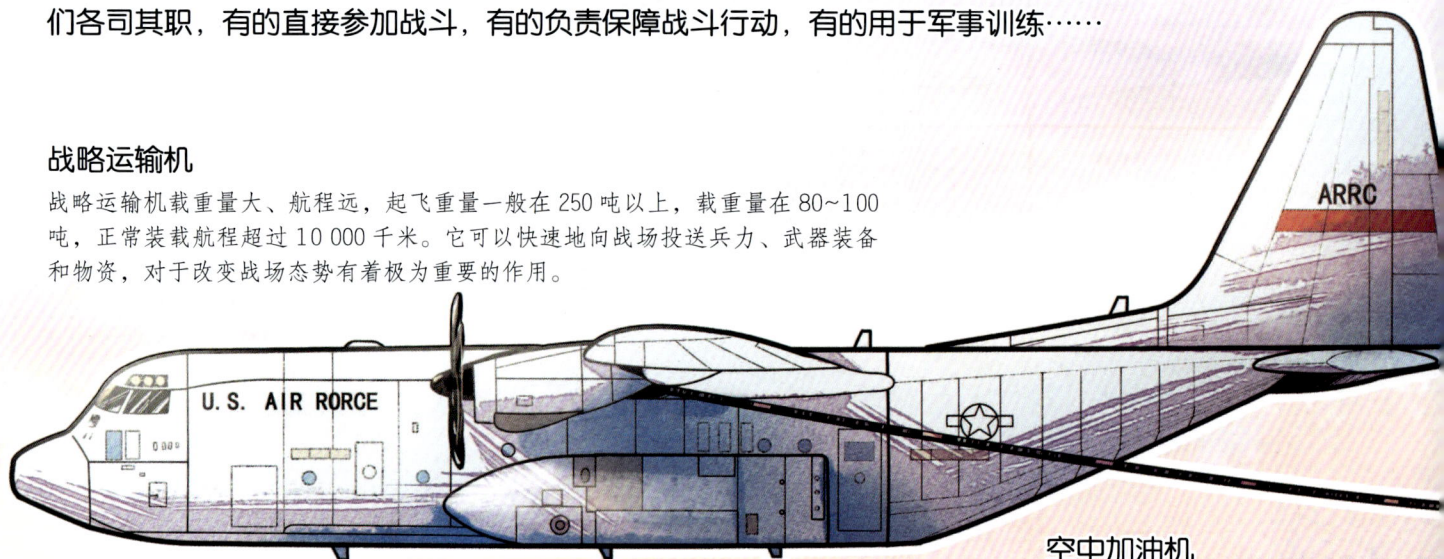

洛克希德 C-130J "超级大力神"

洛克希德 C-130J "超级大力神"的有效载荷能力约为 19 吨，可以携带 92 名士兵，或一辆装甲运兵车。"超级大力神"的先进驾驶舱只需三名机组成员——两名飞行员和一名负责货物的装卸长。

空中加油机

空中加油机是会移动的"空中加油站"，专为飞行中的飞机和直升机补加燃料。

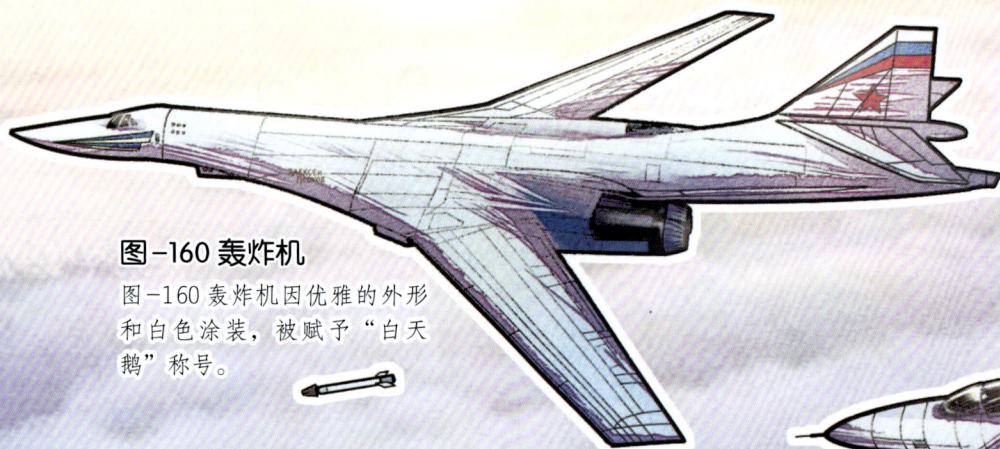

图-160 轰炸机

图-160 轰炸机因优雅的外形和白色涂装，被赋予"白天鹅"称号。

RF-4C 侦察机

轰炸机

轰炸机装有"航空炸弹"或其他轰炸武器，专门对地面或者水面的敌人实施轰炸，达到摧毁和阻断敌人的目的。

侦察机

侦察机是专门从空中获取情报的军用飞机。一般不带武器，但加装航摄仪、图像雷达及红外侦察设备。

美国 B-2 隐形战略轰炸机

美国 B-2 隐形战略轰炸机是目前世界上唯一一款能隐形的轰炸机,人称"幽灵"。它拥有超远的航程,每次执行任务飞行时间都不少于 10 小时。这里说的隐身,是指不会被雷达探测到,这跟其外形和材料有关。

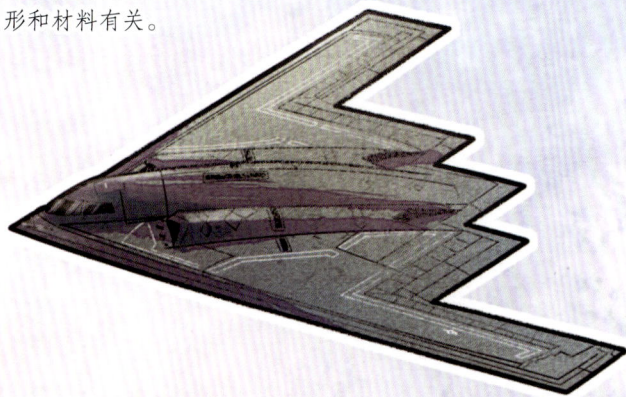

战斗机

战斗机的狭义指歼击机,主要与敌方歼击机进行空战,夺取空中优势。其次是拦截敌方轰炸机、强击机和巡航导弹,还可携带一定数量的对地攻击武器,执行对地攻击任务。

苏-35 战斗机

AV-8B 鹞式战斗机

想要加油的飞机需要慢慢靠近加油机,让受油管滑进漏斗去,才能加油。

输油管末端羽毛球一样的漏斗。

歼-20 战斗机

歼-20 战斗机是我国第五代战斗机。

◆ 第二节 直 升 机

直升机具有体积小、可以垂直升降、不受机场限制等特点，在现代生活中扮演着越来越重要的角色，紧急救援、地质勘探、护林灭火、空中摄影等领域都有它的身影。

主旋翼
直升机的主旋翼像把大风扇，把风往下吹，使直升机获得上升或者向前的动力。

尾旋翼
可以抵消主旋翼的扭力，让机身保持平稳，避免因为主旋翼的扭力而跟着转起来。

驾驶室
直升机的驾驶座在右边

起落架

外圈
停机坪的H标志外圈一般会使用圆圈，如果使用三角形，则表示应急急用。

H标志
停机坪上的H标志是直升机的英文单词Helicopter的第一个字母，表示这是直升机停机坪。为了方便飞行员看清楚，直升机停机坪中间的H标志一般用白色来标示。

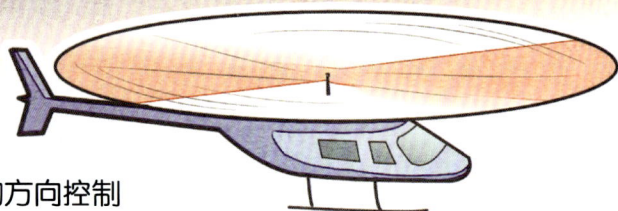

直升机的方向控制
飞行员通过控制主旋翼往不同方向倾斜，就可以改变直升机的飞行方向，但机头朝向不变。

主旋翼与地面平行，直升机往上飞。

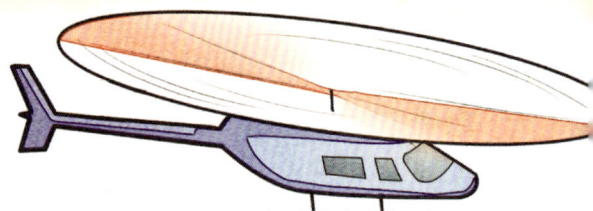

主旋翼向前倾斜，直升机往前飞。

紧急直升机为什么很少直接着陆?

因为很多时候紧急直升机没有降落的条件,比如在楼顶、沙地或者丛林中等场景。这些时候,如果要接地面的人员,紧急直升机大多是放下绳索,让地面人员抓着绳子爬上去;如果是有人要下来,紧急直升机大多是直接索降。如果实在要着陆,一般会提前用专用的硬板或者其他物品铺设成临时的直升机停机坪,再降落。

好累!为什么不直接降落接我?

没办法,它没办法随便降落。

救援直升机

救援直升机是"空中120",一般在雪山、地震、高速公路、海面等情况复杂的现场使用,通常配备有担架、药物和急诊医生等资源。它不受道路交通影响,能迅速到达事故现场,并开展搜索救援、物资运送、空中指挥等工作。如遇深山或海面等救援直升机不能降落的情况,它还可以用绳子把救援人员放下,让他们把伤员吊挂在绳索上,再用直升机的绞轮拉上去。

医疗救援停机坪

在绿色的地坪中央嵌着一个白"十"字标志,中间红色的H就像靶心一般。绿色的圆代表着生命与希望,而红色则代表着直升机紧急救援。

汪!

汪!

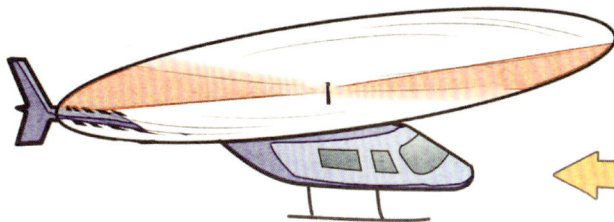

主旋翼向后倾斜,直升机往后飞。

◆ 第三节 特殊用途飞机

除了我们常见的客机，天空中还有警用飞机、货运飞机、消防飞机、农用飞机等特殊用途飞机。它们肩负着独特的使命，在天空中忙碌穿梭。

树木们，好好喝水吧！

"画眉鸟"农用飞机

"画眉鸟"农用飞机主要在农业、园艺和林业等领域工作，负责播种、施肥和喷药除虫等任务。它们通常备有大水箱和众多喷头。工作时它们会在低空慢飞，保证能均匀地喷洒到农田的每一个角落。

喷雾吊杆

喷雾吊杆上面有众多喷雾喷嘴，可以喷洒水、农药等。

CL-415 型水上飞机

CL-415 型水上飞机是消防飞机的代表机型，可以运送超过 6 000 升的消防水，途中只需要 10 秒钟就可以加满水。

这么酷的战略运输机，世界上有几架呀？

真正能使用的只有一架哦！就是我们目前看到的这架。

46

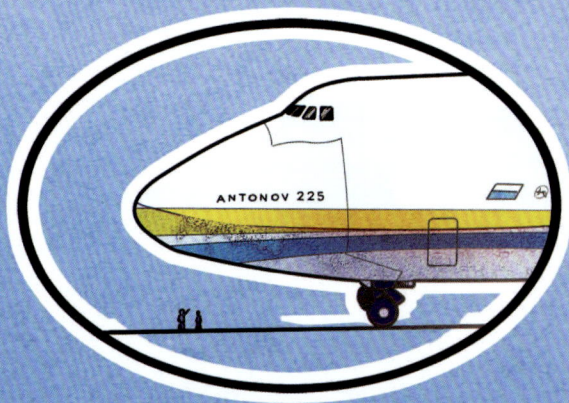

ANTONOV 225

② 1989 年 5 月 12 日首次完成"暴风雪号"的背负飞行任务。

安-225 战略运输机

安-225 战略运输机是世界战略运输机史上体积最大的运输机，但是自 1994 年起，它就加入了货运机的行列。它的最大起飞重量为 640 吨，货舱最大载重为 250 吨，机身顶部最大载重为 200 吨，机身长度为 84 米，翼展为 88.4 米，需要 6 名机乘人员来操控。

安-225 在装运"祥龙号"有轨电车，准备运往欧洲。

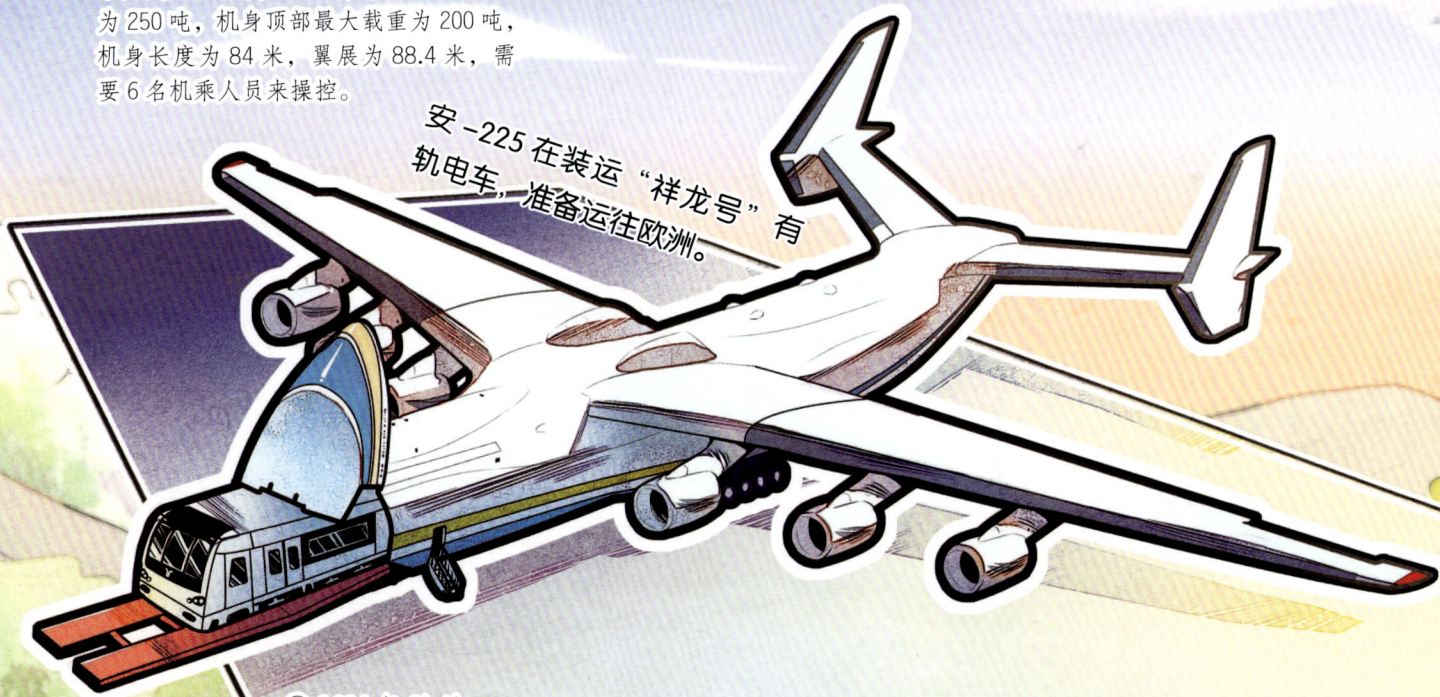

③ 1994 年以后，开始踏上货运之路。

第十章 特技飞行

◆ 第一节 炫酷的特技飞行

特技飞行作为空中表演，惊险刺激、创意无穷，充分展示了飞行员高超的驾驶技艺和人机配合的默契。飞行员驾驶着飞机俯冲、倒转……让观众叹为观止。

特技飞行的起源

特技飞行并不是为了表演，有的动作是一些技艺高超的飞行员无意中创造的，而大部分惊险动作则是在空战中为了躲避敌人攻击，或者为了消灭敌人创造的。

特技飞行的意义

特技飞行不仅具有观赏性，还对提高飞行驾驶技术、增强耐力、培养勇敢精神和充分发挥飞机性能、实现创新有着重要的作用。

歼-10 战斗机
既是战斗机，也是"八一"飞行队的表演用机。

> 这些飞机为什么会拖着彩色的"烟尾巴"呢？

> 秘密就在飞机机腹下。

中国空军

拉烟的秘密

飞机机腹下加挂有液体拉烟吊舱，将高沸点的液体拉烟剂注入吊舱，通过氮气加压的方式，将烟剂从拉烟喷嘴里"吹"出来，送入发动机喷出的高温燃气中，形成的蒸气遇冷后凝结成雾，就变成浓浓的彩烟啦！

彩烟的作用

在飞行表演中，彩烟可以帮助观众准确判断飞机的姿态和飞行轨迹，它就像舞者手中的彩带。

长颈鹿的生理特点

美国一名生物学家发现，长颈鹿的脑袋离心脏有 2~3 米远，但皮肤紧紧包着肌肉并向内部加压，把沉积在四肢的血液往上压送往头部，保证头部供血充足，避免出现昏迷等现象。

空中危机

飞行员驾驶战斗机进行高速飞行或者做翻滚、垂直飞行等动作时，由于血液集中于腿脚，头部供氧不足，容易头昏眼花或者黑视（眼睛看不见东西），甚至导致飞机直接失控。

抗荷服的诞生

科学家们从长颈鹿身上获得了灵感，设计出抗荷服。它可以压迫腹部和下肢，把血液源源不断地送往头部，使飞行员保持清醒，为安全飞行保驾护航。

抗荷服

特意预留的洞

抗荷服充气时，会对飞行员的大腿和小腿进行挤压。如果在膝盖部位也充气的话，充气时就会直接将飞行员的腿拉直，飞行员再想做其他战术动作会变得很困难。因此，设计师们干脆把膝盖处留空了。

◆ 第二节 世界著名的飞行表演队

飞行表演队是一种特殊的飞行团队，在第二次世界大战以后才出现。世界著名的飞行表演队也不少，我们先来看看其中几支表演队的拿手绝活吧！

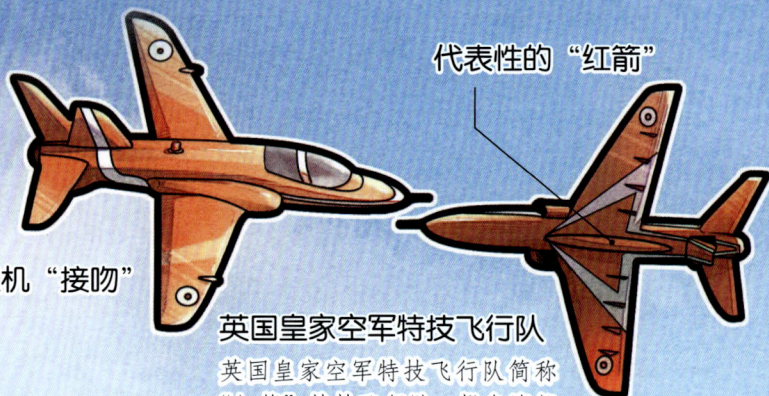

代表性的"红箭"

双机"接吻"

英国皇家空军特技飞行队

英国皇家空军特技飞行队简称"红箭"特技飞行队，机身腹部绘有一支箭形图案，代表"红箭"的形象。

涂装

机身以红、白、蓝三色装饰，与法国国旗相同。

双机"镜像"编队飞行

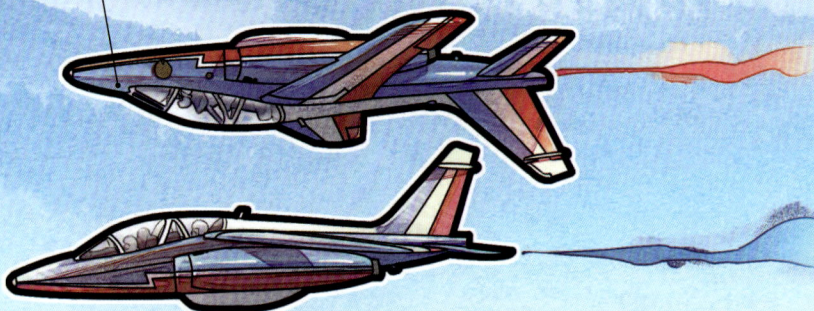

法国空军"法兰西巡逻兵"飞行表演队

法国空军"法兰西巡逻兵"飞行表演队于1964年组建，终点筋斗、"旋转木马"、五机与四机分开交叉等都是它的拿手绝活。

中国人民解放军空军"八一"飞行表演队

中国人民解放军空军"八一"飞行表演队于1962年成立，主要任务是对外迎宾和礼仪特技表演飞行。代表性特技动作有六机三角队、四机垂直开花、双机剪刀机动、双机对头等。

美国海军"蓝色天使"飞行表演队

美国海军"蓝色天使"飞行表演队于1946年组建，是目前世界上唯一一支属于海军航空兵的飞行表演队。它的代表性特技动作有：两机上下对齐同时打开起落架，一机正飞、一机倒飞通场，这是许多飞行表演队无法做到的动作。

哇，太酷啦！我将来也要当特技飞行员。

俄罗斯"勇士"飞行表演队

俄罗斯"勇士"飞行表演队于1991年组建，它设计的"眼镜蛇"加倒转、空中筋斗动作可以在瞬间形成急刹车的效果。

涂装

表演飞机都涂成白、红、蓝三色，这也是俄罗斯国旗的颜色。天蓝色背景中的菱形盾牌是飞行队的标志。

全新涂装

深宝蓝色的机身上有中国国旗、"中国空军"字样、表演队队徽等。

中国双机剪刀机动

"雷鸟""菱形"编队

美国"雷鸟"飞行表演队

美国"雷鸟"飞行表演队于1953年组建，是美国空军的飞行表演队，是世界上第一支使用超音速喷气式战斗机的飞行表演队。通常使用6架F-16战斗机进行表演。四机"菱形"编队是它的绝活。

这是个很棒的理想，你要好好努力哦！

图书在版编目（CIP）数据

大交通博物馆.漫话飞机/一波人漫画编绘.—北京：
中国铁道出版社有限公司，2023.9
ISBN 978-7-113-30187-3

Ⅰ.①大… Ⅱ.①一… Ⅲ.①飞机－少儿读物
Ⅳ.① U-49

中国国家版本馆 CIP 数据核字（2023）第 069344 号

书　　名：**大交通博物馆·漫话飞机**
　　　　　DA JIAOTONG BOWUGUAN·MANHUA FEIJI

作　　者：一波人漫画

责任编辑：巨　凤　　　　　　电话：（010）83545974
封面设计：仙　境
责任校对：苗　丹
责任印制：赵星辰

出版发行：中国铁道出版社有限公司（100054，北京市西城区右安门西街 8 号）
印　　刷：北京盛通印刷股份有限公司
版　　次：2023 年 9 月第 1 版　2023 年 9 月第 1 次印刷
开　　本：889 mm×1 194 mm 1/16　印张：3.5　字数：140 千
书　　号：ISBN 978-7-113-30187-3
定　　价：68.00 元